Astro Intruso

Em Vídeos 3D animados
Complemento do livro
principal
Livro - 2/2

Astro Intruso
Em Vídeos 3D animados
Complemento do livro principal
Livro - 2/2

Índice de vídeos

Índice de figuras dos vídeos

Índice de assuntos desse livro

Aos integrantes desse livro com vídeos

Esses vídeos são partes integrantes do livro principal 1/2 - Destinado aos técnicos engenheiros médicos e cientistas, e para todos os pesquisadores e apaixonados pelo assunto.

Aqui todos vão ver a rota do Astro intruso em movimento, para determinarem por onde ele passou e por onde vai passar!

Entenderão o que esse astro vem causando lentamente (por cerca de 70 anos), e vem acelerando constantemente (cada ano mais e mais), e ainda vai continuar destruindo o nosso mundo, bem como continuará agitando constantemente, as cabeças daqueles que estão em sintonia com suas energias negativas densas agressivas e perigosas.

Resumindo: Nosso sistema planetário, principalmente a nossa Terra, está sofrendo cada vez mais forte, uma pressão astronômica e astrológica; não confundir essa astrologia com o comércio de horoscopo.

Por séculos essa profissão (Astrologia), que foi extinta, depois que o grande Astrônomo e Astrólogo (Galileu), teve grandes problemas com a Ciência e a Religião.

Dispenso aqui maiores detalhes, pois, todos os detalhes foram explicados no livro principal.

Em outro vídeo, saberão como protegerem nosso alimento e o alimento do mundo.

Acompanha em outro vídeo, um grande projeto de reforços de galpões de armazenamentos de alimentos, com simples material de baixo custo, e é de fácil construção, e que poderá ser adaptado aos frágeis silos metálicos, que poderão integrar esses reforços, em outros tipos de propriedades, até mesmo em pequenos casebres de palha.

E por falar em Astrologia, o editor pretende criar um livro, somente com o assunto das influencias astrológica em nosso planeta, em nossa lua, em nossa agricultura e as múltiplas influências em nosso psiquismo. Esse assunto não terá nada a ver com o horoscopo, que caminha em outras direções.

Recordando: A ciência da Astrologia, foi no passado uma grande Ciência que caminhava lado a lado com a Astronomia, porem, por motivos que o grande cientista Galilei passou, não será descrito nada nesse sentido!

Vinheta de apresentação

Se o leitor não entende a narração em Português
(Brasil),
Veja ao longo das páginas o texto original e traduza.
Ou veja nas legendas ocultas do vídeo, o seu idioma.

Vídeo 01
Ampulheta Logotipo

Se o leitor não conseguir acessar o vídeo na Internet
através da figura.
Copie esse link e cole no navegador, ou pesquisem o
canal Corolário.
(Os vídeos enviados para essa editora deu problema)
https://www.youtube.com/watch?v=b2VmLUmDXjM

Sistemas planetários com a rota do Astro Intruso em movimentos

Se o leitor não entende a narração em Português (Brasil),
Veja ao longo das páginas o texto original e traduza.
Ou veja nas legendas ocultas do vídeo, o seu idioma.

Vídeo 02

A escalada de violências

Se o leitor não conseguir acessar o vídeo na Internet através da figura.
Copie esse link e cole no navegador, ou pesquisem o canal Corolário.
(Os vídeos enviados para essa editora deu problema)
https://www.youtube.com/watch?v=YLDzAt1moUk

Legendas contidas no vídeo 02

Olho por olho
E o mundo
Acabará
Cego

Mahatma Gandhi

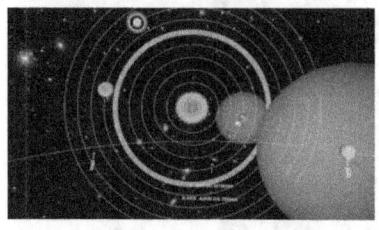

Um Ano do Astro Intruso
E igual a
6.666 anos de nossa terra

Planeta
Ou
Astro Intruso

Aura Etérea
Do Planeta
Intruso

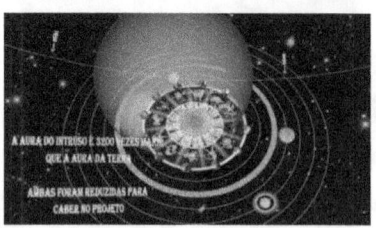

A Aura do Intruso é mais de
3.200 vezes maior, que a aura
da Terra.
As duas foram reduzidas
Para Caber no Projeto

A terra em Fúria e o causador das catástrofes

Se o leitor não entende a narração em Português (Brasil),
Veja ao longo das páginas o texto original e traduza.
Ou veja nas legendas ocultas do vídeo, o seu idioma.
Vídeo 04
O causador dos desequilíbrios e das desordens

Se o leitor não conseguir acessar o vídeo na Internet através da figura.
Copie esse link e cole no navegador, ou pesquisem o canal Corolário.
(Os vídeos enviados para essa editora deu problema)
https://www.youtube.com/watch?v=sWlerPdq03w&t=46s

Projetos de reforços de galpões resistirem às forças da natureza

Se o leitor não entende a narração em Português (Brasil),
Veja ao longo das páginas o texto original e traduza.
Ou veja nas legendas ocultas do vídeo, o seu idioma.

Vídeo 03

As forças da Natureza

Se o leitor não conseguir acessar o vídeo na Internet através da figura.
Copie esse link e cole no navegador, ou pesquisem o canal Corolário.
(Os vídeos enviados para essa editora deu problema)
https://www.youtube.com/watch?v=Tp7DnlLFgFk

Legendas contidas no vídeo 03

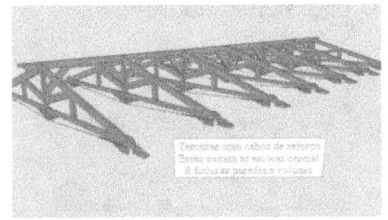

Tesouras com cabos de
reforço
Esses evitam as escoras
centrais
E firma as paredes e
colunas

Encaixes
Das
Colunas

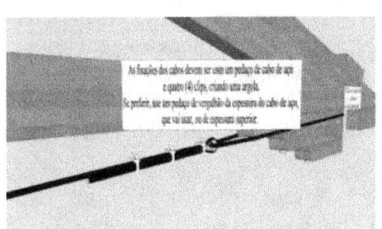

As fixações dos cabos de aço
devem ser com um pedaço do
mesmo cabo de aço, e quatro
clips, criando uma argola.
Se preferir, use um pedaço de
vergalhão da espessura do cabo
de aço, que vai usar, ou de
espessura superior.

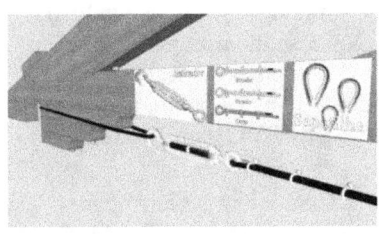

Esticador de cabos de aço e
Sapatilhas
E a maneiras certas e a
erradas de fixar os cabos

A maneira correta e a
última

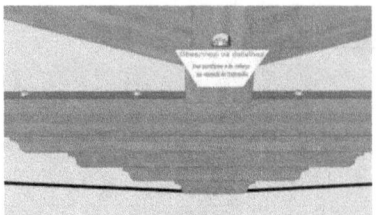

Observem os detalhes

Dos parafusos e do reforço
na emenda do travessão

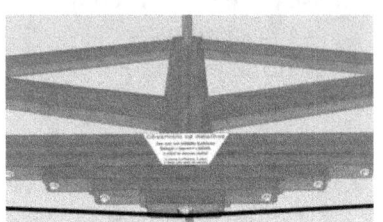

Observem os detalhes

Esse cabo tem múltiplas
finalidades: Reforçar a tesoura,
reforçar o telhado,
E ainda evitar as escoras centrais.
A porca borboleta é para guiar o
cabo e não escapulir do centro

Se o seu galpão for antigo, ou de
construção frágil, recomendamos
colocar esses cabos extras, com
estacas de concreto armado (bem
firme ao solo).

Podem usar trilhos de trem e
firmar bem ao solo, ou se preferir,
usem estacas de ferros, dormentes
de trem ou tronco de arvore.

A tela superior é contra
quedas de cacos de telhas e
destroços lançados pelo vento,
e serve de forro para o galpão.
No desenho está por cima das
madeiras, se preferirem
coloquem por baixo, tipo forro
de PVC ou madeira.

Cantoneira de ferro para
prender as telas de proteção
das telhas, e ainda prender a
outra tela contra os granizos.
Podem usar cantoneiras de
prateleiras (reforçadas), e
prender bem com parafusos e
arame galvanizado.

Tela de proteção das telhas,
para o vento não destelhar.

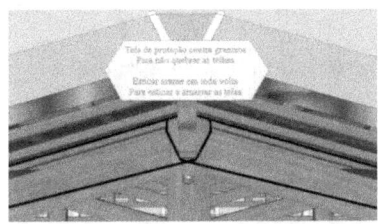

Tela de proteção contra
granizos
Para os granizos não
quebrarem as telhas

Esticar arame galvanizado
em toda volta.
Com isso as telhas ficarão
bem amarradas e esticadas.

Narração do vídeo 03

Projetos de reforços de galpões resistirem às forças da natureza
Para produtores rurais e poderá reforçar silos e muitos outros imóveis

Esse vídeo foi elaborado em solidariedade as vítimas e aos estragos, causado pelos temporais seguidos de tornados e de micro explosões atmosféricos, que nos últimos anos vem surpreendendo os habitantes de muitas cidades Brasileiras e em outros países.

Acontecimento esses, que destruiu muitos galpões e silos de armazenamento nas propriedades Rurais, e causou a perda de alimentos dos Brasileiros e outras nações, e ainda causou muitos outros danos e perdas, aos milhares de habitantes em dezenas de cidades do sul e sudeste do Brasil.

Em apoio e prevenção às vitimas dessa e de outras catástrofes que certamente surgirão inesperadamente, e poderão causar maiores danos, e ainda deixar o Mundo com escassez de alimentos; o editor resolveu criar esse e talvez crie outros vídeos em 3D animado, com algumas ideias para colocarem em prática, na intenção de que as perdas, sofrimentos e dores sejam amenizados.

Na animação desse galpão, explicaremos com detalhes à construção de grandes ou pequenos galpões a prova de ventos e tempestades da natureza, ou dos diversos fenômenos, tais como tufão, ciclones e até pequenos ou médios furacões e tornados.

E ainda amenizar os danos causados por pequenas micro explosões meteorológicos, que despejam centenas de quilos ou de toneladas de agua, em poucos segundos, em um pequeno espaço do solo, essas micro explosões meteorológica, foram batizadas pela ciência terrena de (Downburst e Microburst).

Essas forças da natureza, não são fenômenos constantes, porem na época em que vivemos esse e outros fenómenos está se tornando frequente, e certamente vão continuar, e ainda surgirão outros elementos desconhecidos pelos cientistas de nosso planeta! Os porque, entenderão melhor em outros vídeos.

Ou se preferirem, poderão reforçar seus frágeis galpões e silos de armazenamento da produção rural, evitando assim a perda de seu precioso patrimônio e dos alimentos dos seres vivos.

Esse reforço é simples e rápido de fazer, e de baixo custo financeiro, utilizando apenas cabos de aços e seus componentes complementares.

Inclui ainda a proteção das vidas que trabalham ou habitam o seu interior, e protege a cobertura de telhas, contra o vento, contra os granizos e ainda contra os destroços lançados pelo vento.

Essa proteção é simples e de baixo custo, usada nas cercas ao redor de terrenos, ou seja, telas de arame galvanizado.

As vidas não têm preço, nem a falta de alimento nas mesas dos Brasileiros, ou dos Países que depende do agronegócio.

Lembrando que esse projeto foi criado para os produtores rurais e também poderá ser usado em quaisquer propriedades, sejam galpões, residências ou até o mais simples e humilde casebre, e que na falta ou pelo custo do material, poderão ser utilizados vergalhões de construção residencial, arames galvanizados e arames farpado, simples ou trançados!

O editor afirma que as forças da natureza estão descontroladas e tem causado grandes destruições no solo terreno, e ainda nas embarcações nos rios, mar e oceanos, através dos constantes temporais e outros agentes, provenientes da natureza, tais como, temporal, vendaval, tornados, tufões, furacões, ciclones e micro explosões atmosférica (Downburst e Microburst).

É provável que surja alguns terremotos significativos aqui no Brasil e em outros locais fora e distante do círculo de fogo, e ainda poderão surgir fenômenos estranhos e desconhecidos das ciências dos Homens.

Narração do vídeo 04

A terra em Fúria e o causador das catástrofes

Dos desequilíbrios e das desordens

Atenção - Atenção

Não despreze esse vídeo sem antes assistir.

Com as informações de seu conteúdo, poderás salvar muitas vidas ou aliviar sofrimentos, ou pelo menos a sua vida e a vida de seus familiares e parentes!

Esse é um assunto único e exclusivo, não tem similar e nem atualizado, com tantos argumentos e detalhes!

Essa é uma grande oportunidade, quem ficar de fora dessas informações, poderão sofrer muito e ficar perdido!

Devido ao conteúdo dos vídeos serem muito forte e deprimente, desaconselhamos esse e os subsequentes, para pessoas emotivas, ou que estejam em baixo astral, os hipertensos, as gestantes, os doentes emocionais, doentes com problema cardíaco severo e os jovens e crianças.

Não se esqueça de que o leitor ou ouvinte pode ter ossos de vidro, mais é preciso ter nervos de aço, para se integrarem a essa leitura, e que é indispensável continuar até o final, para um bom entendimento, e que não fujam da sequência. Caso contrário, pare o vídeo ou essa leitura.

O causador dos grandes Furacões - Tornado - Tufão - Ciclone - Tsunami - Recuo e avanço dos mares e suas ressacas.

Inclua nessa lista, as mudanças climáticas, as migrações dos animais, as violências generalizadas em todos os quadrantes do planeta, e muito muito mais.

Acreditando ou não, estamos vivendo o fim dos tempos, que incorpora o Juízo final, anunciado por milênios por inúmeros profetas.

Devido às últimas grandes catástrofes e ao avanço e recuo dos mares, seguido ou não de ressacas, a galopante escalada de violência pelo mundo e ainda aos rumores de guerras; resolvemos abrir o verbo, explicando com todas as letras e números, o que está acontecendo em nosso Mundo doentio e conturbado.

O propósito é sanar as dúvidas e distorções que circulam pela internet, com informações erradas sobre o assunto e ainda dar algumas dicas para se prepararem para o pior, que antes andava com passos lentos.

O conteúdo desses vídeos foi criado com as profecias de todos os tempos, com interpretação e atualização de nossa era, pelo astral superior (a providência divina, que é conhecida por Mente Cósmica).

O profeta Marcos, capitulo 13 Versículo 21; e surgirão em todos os lugares do planeta, inúmeros falsos cristos e falsos profetas. Cuidado! Então, se alguém vos disser: Eis aqui o Cristo! Ou: Ei-lo ali! Não acrediteis.

O profeta Marcos, capitulo 13 Versículo 22; porque hão de surgir falsos cristos e falsos profetas, e farão sinais e prodígios para enganar até os escolhidos.

Nota do editor: Todos devem ficar bem atentos, e procurarem memorizar bem essas narrativas, e tentar diferenciar os profetas dos charlatões! Sabemos que isso será muito difícil para todos, principalmente se estiverem fragilizados com a dor e sofrimento.

Uma dica do editor: Desconfiem de todos que quiserem aparecer ou promover sua religião ou a si mesmo. Tente enxergar em seu interior a humildade desse suposto profeta, ou bombardeie com perguntas, para sentir sua paciência, sua índole e conhecimentos. Em outro vídeo Entenderão melhor o que o editor quer dizer!

Os assuntos que serão abordados são os seguintes: Os furacões, tufões, tornados, maremotos, tsunamis, avanço e recuo dos mares, ressacas e marés constante que tem ultrapassado seus limites normais em diversos lugares do Mundo, chuvas torrenciais, granizos e neves em excesso, ou onde nunca se viu neve, frio congelante ou calor excessivo até fora de época, atingindo limites insuportáveis, trombas d'água, grandes erupções vulcânica, fortes terremotos em muitos lugares.

Além de muitos outros agentes da natureza, e outros fenômenos desconhecido pela ciência do planeta em que vivemos.

Esses e outros agentes catastróficos da natureza não terminaram, estão apenas no princípio do começo.

Sem esquecer as Migrações frequente de animais e seus comportamentos estranhos ou agressivos.

Acrescente as epidemias e doenças que foram erradicadas e outras novas que estão surgindo e surgirão.

Incluam nessa lista as violências e o comportamento anormal do ser humano, e ainda a loucuras dos homens.

Esse conteúdo têm revelações (ou profecias), que vieram da Providência Divina, a Mente Cósmica. Com a intenção de que todos fiquem cientes do quê realmente está acontecendo com nosso planeta e seus habitantes, do reino mineral, vegetal, animal e seus seres humanos.

A eclosão desses acontecimentos está se processando, pela passagem de um astro, que se move em direção ao sistema solar, e passa próximo da terra, sua aproximação foi prevista remotamente, pelos engenheiros siderais.

Esse astro não pertence ao nosso sistema solar, sua órbita é obliqua sobre o eixo imaginário de nosso planeta, e seu conteúdo magnético é poderosíssimo, e tem atuado fortemente no magnetismo da lua e de nossa terra.

Esse corpo celeste previsto por Nostradamus (quando afirmava, que do Céu viria um grande Reino de terror), tem sua função específica de renovar as riquezas minerais do solo e a de higienizar o ambiente etéreo-astral, sugando as energias deletérias (ou energias insalubres).

Trata-se de um Astro impregnado de magnetismo primário, muitíssimo vigoroso, devido à estrutura mineral do seu núcleo.

Sua aura ultrapassa a 3.200 vezes o potencial da aura astro-etérea do planeta terra. Ele trafega numa órbita que exige 6.666 anos para completar o seu circuito.

Mediante ao seu próprio magnetismo e suas coordenadas de forças, que se cruzam no nosso sistema solar, ele toca a órbita terrestre, formando um ângulo de poderosa atração magnética.

Capaz de elevar gradativamente o eixo imaginário da terra, que era de 23 graus e 30 minutos, ou 23 graus e 1/2, antes da chegada do novo milênio. Esse número, atualmente é menor, e sua redução causou os grandes terremotos seguidos de thesunâmis, nesse milênio, e não vai parar, até que esse astro chegue o mais próximo da terra e siga o seu caminho.

Obediente ao cientificismo sideral dos planos determinado pelos administradores de mundos; a influência magnética desse astro far-se-á sentir, até que se complete seu serviço na terra, por volta dos anos de 2050.

Notas do editor: A aura do planeta intruso é que toca o solo e o núcleo da terra, e não o planeta em questão, ou melhor, não haverá nenhuma colisão física com a terra e a lua.

Observem que as previsões climáticas (em dias muito ensolarados), os meteorologistas recomendam o uso de protetor solar. As incidências dos raios têm sido muito maiores, devido às cargas elétricas emitidas pelo sol, estarem mais intensas, além do choque etéreo astral, as características muda, e ainda produz outros elementos desconhecido da ciência. Esse efeito e preocupação com os raios do sol, não existia em algumas décadas passadas! Isso pode ser confirmado, consultando os lavradores veteranos e os idosos que trabalhou sob o sol.

E a culpa fica no efeito estufa, que impede o calor de sair, entretanto não impede de entrar (bem mais que entrava antes do suposto aquecimento global). De que forma vemos isso?

Em referência à verticalização do eixo da Terra, que não permitirá que ela se levante novamente, isto é, que retorne à sua primitiva inclinação de 23° e meio sobre a eclíptica.

O profeta Isaías, no capítulo 24, versículo 20, do livro que traz o seu nome, diz o seguinte, com relação aos próximos acontecimentos: "Pelo balanço será agitada a Terra como um embriagado, cairá e não tornará a levantar-se". Jesus também declarou que no fim do mundo, as virtudes do céu serão abaladas.

O que o Mestre predisse é que, ao se elevar o eixo da Terra e desaparecer a sua proverbial inclinação de 23° e meio, haverá uma relativa e correspondente modificação no panorama comum astronômico; e cada povo, no seu continente, surpreender-se-á com o novo panorama do céu, ao perceber nele outras estrelas desconhecidas dos costumeiros observadores astronômicos.

Em linguagem simbólica, se verticalizar o eixo da Terra, é claro que as estrelas hão de descer ou cair (virtualmente), das suas antigas posições tradicionais, justificando-se, então, a profecia de Jesus de que as virtudes do céu serão abaladas e as estrelas cairão.

Na Atlântida esse fenômeno foi sentido bruscamente; em vinte e quatro horas, a inversão rápida do eixo da Terra causou catástrofes indescritíveis. Atualmente, a elevação se processa lentamente; Na atual elevação.

A afirmação de Nostradamus na Centúria 1 - 56 e 57, diz textualmente que "a Terra não ficará eternamente inclinada no seu ângulo atual".

O evangelista João, no Apocalipse 21, versículo 1, fundamenta a predição de Nostradamus, quando também afirma: "E vi um novo céu e uma nova terra".

Essa modificação foi habilmente prevista pelos profetas antigos e modernos. Nostradamus - Centúria 4 - 30: A lua aproximar-se-á da terra e seu disco aparecerá 11 vezes maior; o que fará mais brilhante e provocará o aumento das marés.

O Profeta Isaias no versículo 30 capitulo 26, reforça Nostradamus, quando afirma que, a luz da lua será como a luz do Sol; e a luz do Sol será sete vezes maior, como uma luz de sete dias juntos.

Nostradamus, em outras palavras, assegura que a Lua aproximar-se-á da Terra, tornando seu brilho onze vezes maior. Lucas capítulo 21 versículo 25, "E haverá sinais no Sol na Lua e nas estrelas, e na Terra angústia das nações, pelo bramido do mar e das ondas".

O profeta Isaías capítulo 30 versículo 25, também se refere ao fenômeno das inundações e das prováveis marés, quando exprime: "E sobre todo monte alto e sobre todo outeiro elevado haverá córregos de água corrente, nos dias da mortandade de muitos, quando caírem às torres", ou seja, quando desabarem as edificações pelo impacto das ondas.

É óbvio que os córregos só poderão correr dos mais altos montes após estes terem sido alcançados e cobertos pelas águas, que dali escorrerá como procedentes de declives!

É bem clara a enunciação desses três profetas (Isaias Lucas e João), e do famoso vidente Nostradamus e da confirmação de Jesus, os quais são unânimes em afirmar que a Lua se tornará maior em nossa visão, à medida que for se aproximando da Terra, enquanto que o aumento de sua força há de provocar tremendas marés, como o bramido do mar e das ondas.

Vejam mais, em a turbação dos astros, em Nostradamus, p 286.

Lembre-se que o sol a lua e outros astros, influenciam e controlam os movimentos das marés e ainda o "psiquismo" do ser humano. O sol e a lua controlam também os climas de todo planeta, influenciam nas plantações, nas épocas de plantios e colheitas, nas fazes lunares.

Atualização: Na visão dos videntes, o brilho foi tanto que ofuscou a visão, e eles se confundiram com a aproximação de nossa lua em grandes proporções, quando o certo seria um brilho bem maior, em consequência do choque astral das energias, que já está tornando a visão mais ampla nas noites enluaradas. Se fosse a aproximação da lua nas proporções expressadas pelos Profetas, provavelmente já teria causado a extinção total da humanidade!

Devo alertar que algo já está acontecendo com a Lua em relação à terra, a lua vem se aproximando lentamente em direção a terra, e seu magnetismo está sendo potencializado pelo astro intruso, com a aproximação e a composição das energias, seu brilho vem aumentando lentamente; esse processo continuará até que o astro em questão se afaste e siga seu caminho.

O editor acredita que ficou fácil para todos entenderem o que os profetas querem dizer, se houver dúvidas, analisem os argumentos e estudem a reta do planeta intruso, nessa animação em 3D, e veja o porquê que tem meses que os fatos em questão, são mais intensos, e levem em conta os efeitos sanfona e efeitos colaterais.

Se os vossos astrônomos examinarem com rigorosa atenção a tela celeste familiar, do vosso planeta, é certo que já possam registrar algumas notáveis diferenças em certas rotas siderais costumeiras.

Nota do editor: Cientistas e observadores com idades avançada, que tem a visão comum "além do normal", poderão notar, que tanto a lua quanto o Sol, já estão mais brilhante, e seus raios mais intenso e diferente, em proporções e influências na terra, de acordo com os meses de todos os anos.

Muitos idosos já notaram que a lua e o Sol já se mostram com sua luz e seus raios visíveis e invisíveis, bem mais intensos que algumas décadas passadas.

A capacidade profética de Nostradamus soube prever o natural ceticismo da ciência e a proverbial negação dos cientistas, pois diz mais que, apesar das opiniões contrárias (da ciência da terra) os fatos hão de acontecer.

Não entendeu?

Então vou repetir!

A capacidade profética de Nostradamus e do editor, soube prever o natural ceticismo da ciência e a proverbial negação dos cientistas e do homem sem fé, pois diz mais que, apesar das opiniões contrárias (da ciência da terra) os fatos hão de acontecer, e já começaram.

Se por ventura, entre os homens da ciência que não são céticos, ainda houver dúvidas, o editor poderá dar maiores explicações, isso é se ainda estiver no meio de vocês!

As consequências desses eventos serão muitas. Abordaremos esses assuntos em outros vídeos para que todos se preparem e diminuas as dores, suas angustias e sofrimentos. E lembre-se que, independente de casta ou condições sociais e financeiras, todos estarão envolvidos, em todos os quadrantes desse mundo, esteja onde estiver!

Aos leitores e ouvintes

Se chegou até aqui, reflita bem no assunto, pois, sendo um profissional que estuda as forças da natureza, ou não, pare e analisem o que vem acontecendo dia após dia em todos os quadrantes de nosso mundo infecto e contagioso.

A maioria sempre ouviu falar em fim dos tempos, juízo final, profecias, apocalipse e o fim de tudo, conforme foi explicado no livro principal!

Pelo simples fato de que essas sabedorias, todos vem aprendendo por quase 7.000 anos e a maioria pensa que esse dia nunca vai chegar.

Nesse mundo todos sempre ficam esperando que alguma coisa venha do infinito para nos salvar, entretendo, foi dado o último dos últimos avisos, e estamos vivendo o fim dos tempos e juízo final!

Façam alguma coisa por vocês, por suas famílias e se puderem, façam para seus irmãos, filhos do único pai de todos!

Ou fiquem perdidos e desorientados iguais as baratas em dias muito quente de verão, quando as forças da natureza zunir em sua orelha!.

O mais não depende de mim e sim de cada um que ainda tem sangue correndo nas veias.

Fiquem na Paz